AF341409

ESSAI

SUR

LES FORCES

DANS

L'ORGANISME

PAR

Le Docteur BEAUMANOIR

MÉDECIN DE LA MARINE

Chef des Travaux anatomiques à l'Ecole de Médecine navale de Brest

BREST

IMPRIMERIE F. HALÉGOUET, RUE KLÉBER, 11

1880

ESSAI

SUR

LES FORCES DANS L'ORGANISME

CHAPITRE Ier

Des forces physiques en général

PARAGRAPHE Ier

IL Y A DES LOIS PHYSICO-CHIMIQUES COMMUNES AUX CORPS ORGANISÉS ET AUX CORPS INORGANIQUES

La plupart des phénomènes qui se passent dans les organismes animaux sont soumis aux lois physico-chimiques générales et peuvent être reproduits expérimentalement en dehors de l'organisme.

La preuve, on la trouve dans le mécanisme de la digestion, de l'absorption, de la respiration, de la chaleur animale.

Digestion

L'action de la salive, des sucs gastrique et pancréatique s'exerce, en ce qu'elle a d'essentiel, en dehors de l'organisme

comme dans les voies digestives mêmes. Les digestions
artificielles le prouvent. Il n'y a pas que la salive et le suc
pancréatique à transformer les amylacés en dextrine, puis
en glycose. La diastase végétale, la chaleur, les acides miné-
raux étendus peuvent opérer ces transformations.

Le suc gastrique est bien l'agent par excellence de la
digestion des albuminoïdes, mais il n'en est pas l'agent
indispensable. On est parvenu, à l'aide d'une ébullition
prolongée dans la marmite de Papin, surtout sous une
pression de 2 ou 3 atmosphères, à digérer les albuminoïdes,
à les transformer en peptones.

Cette élaboration, but et résultat de la digestion stomacale,
n'est donc pas exclusivement du domaine de la vie animale,
opinion qui longtemps a eu cours dans la science.

Absorption

L'absorption des liquides s'explique par les lois physiques
de l'osmose que nous ont fait connaître les travaux de
Dutrochet, de Graham, etc. Quand deux liquides, de nature
différente et miscibles l'un à l'autre, sont séparés par une
mince membrane, ils se mélangent en traversant cette
membrane. Les deux liquides ne traversent pas la membrane en égale quantité. Le courant prédominant de l'un
vers l'autre est réglé par les chaleurs spécifiques. Le liquide
qui a la chaleur spécifique la plus élevée traverse la membrane en plus grande quantité. Pour que la membrane se
laisse traverser par les liquides, il faut qu'elle soit imbibée
par eux. Les corps gras, qui n'imbibent que difficilement
les membranes organiques, et qui de plus ne sont miscibles
ni à la lymphe ni au sérum, ne sont pas soumis aux lois de

l'osmose. Mais l'expérience a prouvé que ces corps, émulsionnés par les sucs intestinaux ou par des procédés artificiels, en dehors des voies digestives, peuvent traverser de minces membranes si on les soumet à une pression de quelques centimètres de mercure. Le passage à travers la membrane est facilité et activé si l'expérience se fait dans un bain-marie, maintenu à une température de 20 à 30 degrés centigrades.

Telles sont les lois physiques qui règlent l'absorption intestinale, l'absorption interstitielle, etc...

Le système nerveux exerce-t-il une action sur l'absorption ? Il exerce une action indirecte en modifiant la tension vasculaire par les vaso-moteurs. Mais son action directe, immédiate, indépendante de cette tension n'est pas prouvée, malgré les efforts faits par quelques physiologistes contemporains pour la démontrer.

Jusqu'ici aucune expérience probante ne démontre l'influence de l'agent nerveux pour activer ou ralentir l'absorption, en dehors du rôle joué par les vaso-moteurs. L'absorption reste donc justiciable des lois physiques qui suffisent d'ailleurs à en rendre compte.

Respiration

Les échanges gazeux qui constituent la respiration sont soumis aux lois de Dalton et aux lois de l'osmose gazeuse.

A. Lois *de Dalton* : 1° Le coefficient de solubilité d'un gaz est constant, quelle que soit la pression ;

2° Chacun des gaz se dissout comme s'il était seul, avec la pression qu'il possède dans le mélange.

B. Lois *de l'osmose gazeuse.* Quand deux gaz différents sont séparés par une mince membrane, ils se mélangent à travers cette membrane. Toutes choses égales d'ailleurs, la direction prédominante du courant d'un des gaz vers l'autre est réglée par la différence des chaleurs spécifiques. C'est le gaz qui a la chaleur spécifique la plus élevée qui traverse la membrane en plus grande quantité.

Je sais bien que le sérum se comporte comme une solution de carbonate et de phosphate de soude et qu'il retient plus d'acide carbonique lié ou dissous que ne le ferait de l'eau pure.

Je sais encore que, grâce à la présence des globules rouges et de la fibrine, le sang prend plus d'oxygène que s'il en était dépourvu. Mais ces restrictions aux lois précédentes n'ébranlent en rien ce qu'elles ont de fondamental. Les quantités de gaz absorbées ou exhalées n'en sont pas moins directement ou inversement proportionnelles aux pressions gazeuses qui existent à l'intérieur des vaisseaux et dans les vésicules pulmonaires. Je m'explique : Quand la tension de l'oxygène augmente dans les vésicules pulmonaires, et diminue dans les capillaires du poumon, le passage de l'oxygène à l'intérieur des vaisseaux est activé, et *vice versâ*.

De même quand la tension de l'acide carbonique augmente à l'intérieur des capillaires et diminue dans les vésicules du poumon, le passage de ce gaz de l'intérieur à l'extérieur des vaisseaux se fait avec plus de rapidité.

Chaleur animale

La chaleur animale, comme celle de nos foyers, est due à une véritable combustion. Tout le monde sait que c'est à Lavoisier que revient l'honneur de cette magnifique découverte. C'est lui qui, le premier, a comparé, à si juste titre, l'animal qui respire à une lampe qui brûle. L'une et l'autre consomment de l'oxygène et font de la chaleur.

La lampe a besoin d'huile ; l'animal ne peut se passer de matériaux combustibles pris à l'extérieur pour fournir aux oxydations, pour entretenir, alimenter les combustions internes ; sans cela, il ne conserverait pour un temps sa chaleur qu'en brûlant sa propre substance. Les oxydations ou combustions organiques se font, non dans les poumons, comme le pensait Lavoisier, mais bien au sein et dans la profondeur des tissus, par l'action de l'oxygène inspiré sur les matériaux élaborés par la digestion et introduits par l'absorption dans le système circulatoire.

PARAGRAPHE II

PLUSIEURS DES PRODUITS FORMÉS DANS L'ORGANISME PEUVENT ÊTRE FABRIQUÉS ARTIFICIELLEMENT PAR DES PROCÉDÉS EXCLUSIVEMENT CHIMIQUES.

Les actes divers dont l'organisme est le siège, et qui ont la nutrition pour résultat, donnent naissance à un grand nombre de produits dont les principaux sont : l'eau, l'acide carbonique, l'urée, l'acide urique, la cholestérine, la créatine et la créatinine. Je ne ferai pas l'énumération de tous ces produits ; qu'il me suffise de citer encore l'acide hippurique, la taurine, la leucine, la tyrosine, les acides lactique et acétique.

La chimie peut faire de toutes pièces plusieurs de ces corps.

L'eau et l'acide carbonique existent en abondance dans le monde inorganique. Leur préparation n'est qu'un jeu pour le chimiste.

MM. Wolher et Williamson sont arrivés à faire de l'urée par de simples procédés chimiques.

M. Dessaignes produit artificiellement de l'acide hippurique, et M. Strecker de la taurine.

La leucine et la tyrosine, que l'on trouve dans le pancréas, le foie, la rate, s'obtiennent par l'action des alcalis et de l'acide sulfurique étendu sur les matières albuminoïdes.

L'acide lactique, qui se trouve dans les muscles en contraction, et dans l'intestin durant les digestions, est aussi bien le produit d'un laboratoire de chimiste qu'un produit du laboratoire de la nature. Il en est de même de l'acide acétique que l'on trouve dans les voies digestives.

On ne peut pas encore faire directement la cholestérine, ni les acides biliaires, ni la créatine, ni la créatinine ; mais la chimie suffit pour avoir de la sarkosine qui est un dérivé de la créatine.

D'après M. Baeyer, l'acide urique se rattache à un des produits de la transformation de l'acide tartrique, l'acide tartronique.

Concluons : Plusieurs, au moins, des phénomènes qui se passent dans les organismes animaux sont soumis aux lois physico-chimiques générales.

La physique et la chimie expliquent bon nombre de faits regardés pendant longtemps comme inaccessibles à ces sciences. Plusieurs des corps élaborés au sein de l'organisme, dans les actes très-complexes de la nutrition, peuvent être faits de toutes pièces dans les laboratoires. Les progrès incessants de la physique et de la chimie permettent d'espérer la solution de nouveaux problèmes biologiques, même de ceux qui paraissent actuellement les plus difficiles à résoudre.

PARAGRAPHE III

Y A-T-IL PLUSIEURS FORCES PHYSIQUES, OU BIEN N'Y A-T-IL QU'UNE FORCE UNIQUE, SUSCEPTIBLE DE TRANSFORMATIONS PLUS OU MOINS VARIÉES ?

Si l'on ouvre un traité de physique, même des plus complets et des plus récents, on trouve à des chapitres différents, et décrites comme des forces distinctes : l'*attraction* ou force qui fait que les corps s'attirent en raison directe de leurs masses et en raison inverse du carré des distances ;

La *cohésion*, force qui maintient agglomérées les molécules constituant les corps solides ;

L'*affinité*, force ou propriété en vertu de laquelle les atomes de certains corps se combinent à des atomes de corps différents pour former des composés nouveaux ; il en est de même de la chaleur, de la lumière, de l'électricité, du magnétisme.

La mécanique appelle plus spécialement force tout ce qui cause ou modifie le mouvement.

Est-ce à dire que les savants de nos jours admettent la pluralité des forces, et considèrent le mouvement, la chaleur, l'électricité, etc., comme des forces absolument distinctes et indépendantes les unes des autres ?

Pas le moins du monde. Ils agissent ainsi pour faciliter l'étude des sciences physiques, en rapprochant des phénomènes de même ordre, qu'ils décrivent en des chapitres spéciaux.

La tendance actuelle est vers l'unité de force, et cette force unique est, selon toute probabilité, le mouvement, ainsi que le Père Secchi essaie de le prouver dans son livre « *De l'Unité des forces physiques.* »

Dans l'interprétation des phénomènes physico-chimiques, ou, si l'on veut, dans l'étude des forces physiques, on fait jouer un très-grand rôle à un agent particulier : l'éther. Il importe que nous en disions un mot, avant d'aller plus loin.

Son existence est admise par la plupart des physiciens, bien que cependant elle ne soit pas scientifiquement démontrée. Ce corps paraît être éminemment subtil, très-élastique, impondérable et pourtant matériel. Il est répandu partout. M. de Boucheporn le définit : Un fluide inerte, à particules séparées et indépendantes, quoique étroitement rapprochées. Le Père Secchi dit que l'éther n'est pas élastique, que l'élasticité de ses atomes n'est qu'apparente, et qu'elle est due au double mouvement de translation et de rotation dont ils sont animés. A l'appui de cette opinion, M. Poinsot a démontré que si un corps dur, non élastique, tourne sur lui-même, il est renvoyé par un obstacle tout comme s'il était élastique.

L'idée de l'éther n'appartient pas à nos contemporains. Descartes, Huyghens, Malebranche l'admettaient. Par l'éther, Descartes explique la pesanteur, la chaleur, la lumière. Malebranche attribue la lumière aux vibrations de l'éther, et dit que la différence des couleurs est due à la différence des longueurs d'onde. Huyghens vérifie cette hypothèse par le calcul. Young et Fresnel établissent à peu près la théorie de l'éther. (Lionel DAURIAC. — *Notions de matière et de force dans les sciences de la nature.*)

Le Père Secchi n'a fait que confirmer les idées de ses devanciers. Nous reviendrons plus loin sur le rôle attribué à l'éther par ce dernier savant.

Qu'il y ait une *force* unique, une *force mère*, si l'on peut dire, génératrice de toutes les autres par transformation, ainsi qu'on l'admet généralement aujourd'hui, ou bien qu'il y ait plusieurs forces distinctes, il n'en est pas moins vrai qu'il existe une corrélation bien établie entre ces diverses manifestations des propriétés de la matière, et que nous les voyons incessamment se transformer l'une dans l'autre.

PARAGRAPHE IV

DÉMONSTRATION DE LA CORRÉLATION DES FORCES PHYSIQUES

A. Le mouvement se transforme en :

1° *Chaleur* : Balle arrêtée dans sa course, frottement de deux corps l'un contre l'autre ;

2° *Lumière* : Etincelle qui jaillit du briquet ;

3° *Electricité* : Machine électrique ordinaire, frottement d'un bâton de cire.

B. La chaleur développe :

1° Du mouvement : Machine à vapeur ;

2° De la lumière : Flamme de nos lampes et de nos foyers ;

3° De l'électricité : Soudures thermo-électriques. Si l'on soude chaque extrémité d'un fil de cuivre à un fil de fer et qu'on chauffe inégalement chacune des soudures il se développe un courant électrique.

C. L'électricité provoque :

1° Le mouvement : Attraction des corps légers chargés d'électricité de nom contraire ; répulsion si les corps sont chargés d'électricité de même nom ;

2° La lumière : Etincelle électrique, éclair ;

3° La chaleur : Galvano-cautère.

D. La lumière, émanée du soleil, donne de la *chaleur* qui échauffe notre atmosphère et du même coup la maintient en *mouvement*, d'où les *vents*. *L'électricité atmosphérique* est due, selon toute probabilité, à l'évaporation qui se fait à la surface de la terre. Or, cette évaporation, source d'*électricité*, se fait sous l'influence des rayons solaires (Secchi).

La corrélation des forces physiques proprement dites n'est pas seule à exister. Il y a aussi corrélation de ces forces et de la force d'*affinité* qui préside aux actions chimiques.

A' L'*affinité* engendre :

1° Le *mouvement* : A preuve le mouvement gyratoire d'un petit morceau de potassium, jeté dans un vase d'eau, pendant qu'il se transforme en potasse ;

2° La *chaleur* : Fait constatable en mélangeant de l'eau et de la chaux vive qui s'hydrate ;

3° La *chaleur* et la *lumière* : Bois ou charbon que nous brûlons dans nos foyers ;

4° De l'*électricité* : Le courant électrique, dans la pile de Bunsen, par exemple, est dû à des actions chimiques.

B′ Inversement :

1° Le *mouvement* agit, pour modifier l'affinité, indirecte-
ment, par l'intermédiaire de l'électricité, dit Grove ; directement, disent Clifton et Secchi. La pression affaiblit ou
renforce l'affinité chimique selon qu'elle agit contre le changement de volume ou en le favorisant (Clifton cité par
Secchi) ;

2° La *chaleur* produit l'action chimique et même influe
sur la réaction au point d'en déterminer le sens.

Ainsi, avec du fer chauffé au rouge, on décompose l'eau.
Il se forme de l'oxyde de fer et il se dégage de l'hydrogène.
Si, au lieu du fer, c'est l'hydrogène que l'on chauffe, celui-ci
décompose l'oxyde de fer, avec formation d'eau et retour du
fer à l'état métallique (SECCHI) ;

3° Le *courant électrique* produit des réactions chimiques :
Décomposition de l'eau par la pile ;

4° Un *rayon de lumière* amène instantanément la combinaison du chlore et de l'hydrogène dont le mélange était
tenu à l'obscurité dans un flacon. Tant que le flacon n'est
pas exposé à la lumière, la réaction ne se fait pas.

Il est une force physique dont je n'ai point parlé jusqu'ici, le magnétisme. En voici la raison : Le magnétisme,
d'après le Père Secchi, n'est qu'une modalité de l'électricité ;
les actions magnétiques ne sont qu'un cas particulier des
actions électro-dynamiques. Tout ce que j'ai dit de l'électricité, au sujet de la corrélation des forces physiques,
s'applique donc au magnétisme.

Grove a synthétisé, en quelque sorte, tous les phénomènes
précités en une magnifique expérience. La voici : Une
plaque Daguerrienne préparée est enfermée dans une boîte

remplie d'eau et fermée par une lame de verre recouverte
d'un écran mobile. Entre le verre et la plaque est placé un
grillage de fil d'argent. La plaque est en contact avec l'une
des extrémités du fil d'un galvanomètre, et le grillage de fil
d'argent avec l'extrémité d'une hélice de Bréguet (instru-
ment formé d'une lame très-mince de deux métaux soudés
ensemble, et dont les dilatations inégales indiquent les plus
légères variations de température); les extrémités restantes
du fil du galvanomètre et de l'hélice thermométrique sont
unies par un fil conducteur, et les aiguilles du galvanomètre
et du thermomètre sont amenées à zéro. Aussitôt qu'un
rayon de lumière diffuse trouve accès sur la plaque par le
déplacement de l'écran, les aiguilles se dévient. Ainsi, en
prenant la lumière pour force initiale, on a sur la plaque
une réaction chimique, dans les fils d'argent de l'électricité
circulant sous forme de courant, dans la bobine du galvanomètre du magnétisme, dans l'hélice de la chaleur, dans les
aiguilles du mouvement.

La corrélation qualitative des forces physiques entre elles,
ainsi que celle des forces physiques et de la force d'affinité,
est donc bien démontrée.

Il serait très-important d'établir cette corrélation au point
de vue quantitatif, c'est-à-dire de déterminer les équivalents
des forces les unes par rapport aux autres. Malheureusement
cela n'est fait que pour la chaleur et pour le mouvement.
Il résulte des expériences de Rumford, Mayer, Joule, etc.,
que la calorie ou unité de chaleur est l'équivalent de 425
kilogrammètres. Ce nombre, 425 kilogrammètres, est appelé
par Mayer équivalent mécanique de la chaleur. Partout et
toujours ces deux forces peuvent se substituer l'une à l'autre
dans cette proportion : 1 calorie, 425 kilogrammètres.

Comme la chaleur, l'électricité et la lumière doivent avoir leur équivalent mécanique ; mais cet équivalent n'est pas déterminé, et cela pour une bonne raison, c'est qu'on n'est pas fixé sur l'unité d'électricité ni sur l'unité de lumière.

Pour ce qui est de la corrélation des forces physiques et des forces chimiques au point de vue quantitatif, tout prouve qu'elle existe aussi. En effet, toutes choses égales d'ailleurs, plus une lampe brûle d'huile, plus vive est la lumière qu'elle donne ; plus les réactions chimiques de la pile sont intenses, plus fort est le courant. La quantité de chaleur s'accroît avec les quantités d'eau et de chaux vive mises en présence. Tout cela est d'expérience vulgaire. Mais les rapports précis qui doivent exister entre ces diverses forces, quand elles se transforment l'une dans l'autre, ne sont pas calculés. La corrélation quantitative, en un mot, n'est pas établie.

PARAGRAPHE V

L'AFFINITÉ, LA COHÉSION, LA PESANTEUR, L'ATTRACTION UNIVERSELLE NE SONT QUE DES MODES DU MOUVEMENT

En raison des relations si étroites qui existent entre les actions chimiques, que régit l'affinité, et les forces physiques, que toutes on tend à considérer comme des transformations du mouvement, il est rationnel de penser que l'affinité elle-même n'est qu'une modification, une transformation du mouvement. C'est l'opinion du Père Secchi. Quand deux corps se combinent, il se produit un mouvement oscillatoire des atomes de la matière pondérable et des atomes d'éther, d'où résultent de la chaleur, de l'électricité, quelquefois de la lumière. C'est en ce mouvement oscillatoire que consiste essentiellement la force d'affinité.

Pour le Père Secchi encore, la cohésion, la pesanteur, l'attraction universelle ne sont que des modes du mouvement. L'éther qui existe autour des atomes, entre les molécules, qui forme une atmosphère à tous les corps et est répandu dans les espaces interplanétaires, joue un rôle capital dans ces divers phénomènes. Les atomes d'éther, d'après le savant auteur, sont, comme les atomes de matière pondérable, animés d'un mouvement incessant. Les modifications du mouvement d'où résultent l'affinité, l'attraction universelle, la cohésion aussi bien que la chaleur, l'électricité, la lumière, sont causées par une rupture dans l'équilibre de l'éther, par des changements survenus dans le régime de ses atomes. Je ne fais qu'indiquer ici les idées du Père Secchi qui sont exposées tout au long dans son livre de l'*Unité des forces physiques*. Entrer dans les détails m'entraînerait hors de mon sujet.

PARAGRAPHE VI

POURQUOI LE MOUVEMENT EST-IL CONSIDÉRÉ COMME LA FORCE UNIQUE, OU, SI L'ON VEUT, COMME LA FORCE GÉNÉRATRICE DES DIVERSES FORCES PHYSICO-CHIMIQUES ?

Nous venons d'étudier la corrélation des forces physiques, chimiques et mécaniques, et nous avons vu la fréquence et la facilité de la transformation de ces forces l'une dans l'autre. Pourquoi alors ne considère-t-on pas comme force initiale ou force mère, la lumière, l'électricité ou la chaleur aussi bien que le mouvement ? La raison en est simple. Le mouvement peut exister sans manifestation de chaleur, de lumière, ni d'électricité, sans action chimique ; le mouvement, en un mot, existe en quelque sorte par lui-même. On peut voir des phénomènes électriques sans lumière, ni réaction chimique ; de la chaleur sans lumière ; de la lumière sans dégagement d'électricité ; il se fait des combinaisons chimiques sans lumière, etc., mais jamais aucune de ces forces ne se manifeste sans mouvement, puisque le mouvement en est l'essence même. La chaleur, dit Newton, est un mouvement vibratoire dans les corps ; la lumière est due aux vibrations de l'éther ; le courant électrique est un mouvement de la matière impondérable au sein de la matière pondérable, et dans bon nombre de cas, le flux de matière éthérée entraîne avec lui des molécules pesantes. Nous venons de dire à l'instant que l'affinité, la pesanteur, l'attraction ne sont que des modes du mouvement. Le mouvement est donc la force la plus générale. On le trouve partout. Nul phénomène physico-chimique n'existe en dehors de lui. On peut dire, avec Secchi, que tout est mouvement dans l'univers. Ni le mouvement, ni aucune des forces dérivées de lui ne peuvent s'anéantir. Au moment où l'une quelconque de ces forces semble disparaître, si l'on y regarde de près, on voit qu'il y a, non cessation, mais transformation, avec retour possible quantitativement et qualitativement à la force transformée. Voilà pourquoi on regarde, avec raison, le mouvement comme la force unique ou force initiale d'où dérivent toutes les autres.

Cela étant admis, il reste à se demander ce qu'est le mouvement lui-même et quelle en est la cause.

PARAGRAPHE VII

IDÉE GÉNÉRALE DU MOUVEMENT. — SA CAUSE

Un corps est dit en mouvement lorsqu'il occupe successivement dans l'espace plusieurs positions différentes. Un corps peut être animé d'un mouvement de rotation ou d'un mouvement de translation, ou des deux à la fois.

Le mouvement peut être varié ou uniforme.

Il peut être cause ou effet. Si un corps en repos relatif (il n'y a pas de repos absolu dans l'univers) est soumis à une traction, à une poussée ou à la pesanteur, il se met en mouvement; mouvement effet.

Rendu mobile, ce corps peut à son tour devenir une source de force utilisable; mouvement cause.

Rechercher la cause du mouvement, qui est considéré comme la force génératrice des autres forces physico-chimiques, n'est autre chose que rechercher la nature, l'essence même de la force.

Il y a sur la nature de la force trois principales opinions :

1° La force est un attribut accidentel, contingent de la matière. Force et matière sont partout actuellement unies, mais cela pourrait ne pas être. La matière possède la force à l'état de dépôt, non de propriété. (DESCARTES.)

Le Père Secchi a, à peu près, la même manière de voir. Il est absurde, dit-il, de supposer que le mouvement puisse avoir pour cause autre chose que le mouvement lui-même. Il rejette toute idée de propriétés mystérieuses, occultes, inhérentes à la matière. Il ne reconnaît à cette dernière qu'une seule propriété, propriété bien négative, l'inertie. Il repousse également la notion de force, envisagée comme être distinct, indépendant de la matière qui en subirait les lois et le joug. Au commencement de tout, selon le même auteur, le créateur imprima le mouvement à la matière, et le mouvement est indestructible comme elle. Le mouvement est la force unique qui, par transformation, donne naissance à toutes les forces physiques et chimiques. Telle est, si je l'ai bien comprise, l'opinion du Père Secchi sur la force et la matière prise d'une façon générale ; car pour les êtres vivants, il admet un principe supérieur, immatériel, qui préside aux actes de la vie et tient sous sa dépendance les phénomènes de conscience, moraux, intellectuels, les phénomènes psychiques, en un mot.

2° La force est une propriété inhérente à la matière. Elle en est un attribut essentiel. Il existe entre la matière et la force un lien indissoluble. On ne peut pas plus concevoir la matière sans force, que la force sans matière. (Buchner, Moleschott.)

3° Ici, matière et force sont identifiées, ou plutôt la matière est réduite à un simple état d'apparence. (Ampère, Cauchy, Leibnitz) Je pense que l'on doit interpréter cela de la façon suivante : La force est tout, la matière à peu près rien, ou réduite seulement à des manifestations phénoménales.

En d'autres termes, nous ne pouvons nous faire une idée de la matière que par ses propriétés, que par les manifestations dont elle est le théâtre.

CHAPITRE II

Des forces dans l'organisme

PARAGRAPHE Ier

Y A-T-IL DES FORCES SPÉCIALES AUX ORGANISMES ANIMAUX ?

La question déjà fort ardue des forces physiques se complique, chez les animaux, d'un nouvel élément : la vie, sur la nature de laquelle on a beaucoup discuté sans que, de longtemps encore, le débat semble devoir se clore.

Pour expliquer la vie, abstraction faite des phénomènes de conscience, moraux, intellectuels, etc., une école admet un principe indépendant, quelque chose d'immatériel qui gouverne, régit les organismes animaux. Chez l'homme, on a appelé ce principe $\psi\upsilon\chi\eta$, archée, force vitale, principe vital, âme animale. Dans l'autre école, on enseigne que chaque élément anatomique est doué de propriétés à lui inhérentes, de forces qui lui sont immanentes, c'est-à-dire qui n'en sont pas isolables. Ces forces sont essentiellement les mêmes que celles constatées dans la matière inorganique. Si les phénomènes auxquels elles donnent lieu, chez les êtres vivants, sont différents de ceux qui se passent dans le monde minéral, c'est que les corps simples, C, O, H, Az, Ph, S, Fe, etc., sont différemment groupés dans les corps vivants et dans les corps bruts. La force vitale n'est que la résultante des forces propres à chacun des éléments anatomiques ; la vie générale n'est que l'ensemble des vies individuelles de ces infiniment petits.

Voyons les raisons des adeptes de ces deux écoles. Ceux de la première invoquent, à l'appui de l'existence de la force vitale, de l'âme animale, que Descartes, si j'ai bon souvenir refusait si bien aux animaux, les trois raisons suivantes :

1° L'activité spontanée de l'animal ;

2° Les lois immuables de sa forme et de son évolution ;

3° L'identité anatomique du corps vivant et du corps dans lequel la vie vient de s'éteindre, surtout à la suite d'une de ces maladies qui ne laissent que peu ou point de traces à l'autopsie.

Ceux de la seconde répondent ainsi aux arguments précités :

1° La matière vivante n'est pas douée d'une activité spontanée. Elle est inerte tout comme la matière inorganique, mais, différence capitale, elle est irritable. Elle peut, à la suite d'une irritation, entrer en activité pour manifester ses propriétés fonctionnelles. Tout ce qui vit est irritable. Pour une cellule contractile et une fibre musculaire, le résultat de l'excitation est une contraction, un mouvement ; c'est une sécrétion pour une cellule glandulaire ; pour le corpuscule de tissu conjonctif ou la cellule de cartilage, c'est une multiplication ou prolifération cellulaire ; la réaction physiologique du tube nerveux est la conductibilité soit motrice, soit sensitive. Toute excitation produit nécessairement, tant que l'élément anatomique est dans des conditions normales, une manifestation de l'activité de cet élément. Tous ces faits sont constatés par des expériences physiologiques journalières.

La réciproque est-elle vraie, c'est-à-dire toute manifestation de l'activité d'un élément anatomique suppose-t-elle nécessairement une irritation, une excitation préalable? Il ne peut y avoir à cela le moindre doute, sauf, au dire de quelques-uns, pour les éléments cellulaires des centres nerveux.

Qu'il s'agisse d'une cellule épithéliale ou d'une cellule glandulaire, ce qui est tout un, d'une fibre musculaire, d'un tube nerveux, etc., l'activité de l'élément est toujours provo-quée, jamais spontanée. Pas de sécrétion, pas de contraction, pas de conductibilité nerveuse sans excitation préalable. Cela se vérifie encore tous les jours expérimentalement, et n'est, au reste, que le corollaire de la persistance du mouvement pur ou transformé, comme nous le verrons plus loin.

La spontanéité existe-t-elle pour les actes de la volonté, pour les phénomènes psychiques qui ont le cerveau pour siège?

Quand Mucius Scévola laissait le feu de l'autel calciner sa main, il faisait, à coup sûr, acte d'énergique volonté; il fallait un fier empire sur soi-même pour s'opposer au mou-vement réflexe de rétraction de la main, provoqué par l'exci-tation douloureuse.

Quand nous sommes plongés dans une réflexion profonde, que le monde extérieur n'existe presque plus pour nous; quand nous repassons dans notre mémoire des faits d'autre-fois, le cerveau paraît bien agir en dehors de toute excita-tion; ces phénomènes psychiques paraissent bien spontanés. Pourtant, les éléments dont l'activité est mise en jeu sont le siège d'un mouvement incessant de nutrition qui ne va point sans réactions chimiques; sans cette excitation due à l'afflux sanguin, leur excitation cesse immédiatement. A preuve l'expérience suivante : Si, chez un animal, on arrête la circulation encéphalique par la ligature des carotides internes et des vertébrales, on supprime du coup la volonté et les diverses manifestations psychiques. On a alors le spectacle étrange d'une tête morte physiologiquement sur un corps vivant. Les ligatures levées, au bout de quelques instants, la circulation se rétablit, la vie cérébrale recommence en quelque sorte et la tête reprend son rôle physiologique habituel.

Une autre preuve que les éléments cellulaires du cerveau n'ont pas en eux-mêmes la spontanéité, est la suivante, due à Brown Séquard : On décapite un chien ; le sang de la tête s'écoule rapidement, et au bout de quelques secondes, la tête semble bien morte. Mais, si on injecte du sang frais dans les artères qui irriguent l'encéphale et le masque facial, sous l'influence du courant sanguin, les éléments nerveux et les muscles de la face semblent recouvrer momentanément une nouvelle vie. Cette tête, sans tronc, grimace si on la pince ; les yeux roulent dans leur orbite et se dirigent vers la voix qui appelle. On dirait que cette portion d'animal a entendu et senti. Tout cela, bien entendu, est fort passager, mais n'en est pas moins très-frappant.

N'est-ce pas une preuve éclatante de la réaction des éléments anatomiques de l'encéphale, dont l'irritabilité est mise en jeu par l'excitation sanguine?

En présence de ces faits, disons donc que le cerveau peut vouloir, penser, exécuter en un mot les actes cérébraux proprement dits, sans excitation immédiate venue du dehors ; mais les fonctions de cet organe cessent aussitôt que la circulation est interrompue et que l'excitation due aux réactions chimiques qui se passent au sein de ses éléments n'a plus lieu.

Quittons pour un instant le monde animal et jetons un coup d'œil sur le règne végétal. Nous y voyons se produire des phénomènes tout-à-fait analogues.

Mouvements provoqués. — M. Cohn a trouvé, dans les filets staminaux des cinarées, des cellules allongées qui se contractent sous l'influence de l'électricité. Les feuilles de la dionée (attrape mouches) sont garnies de cils et se referment sur l'insecte qui s'y pose. La sensitive a des folioles qui se replient, la face supérieure d'une foliole sur la face supérieure de la foliole voisine, quand on touche la plante, qu'on frappe le sol auprès d'elle, ou bien qu'on jette quelques gouttes d'acide sulfurique sur sa racine.

Mouvements dits spontanés. — A mon sens, ces mouvements sont simplement provoqués. Il est des plantes dont les feuilles ont telle disposition pendant le jour et telle autre pendant la nuit. La position prise durant la nuit constitue ce que l'on a appelé le *sommeil* des plantes. De Candolle, en faisant une obscurité factice, a fait dormir quelques plantes durant le jour, et d'autres veiller pendant la nuit, à l'aide de lumière artificielle. Tout le monde sait qu'une face des feuilles, toujours la même, regarde le ciel et l'autre le sol. Si l'on renverse le rameau, les feuilles tournent sur leur pétiole pour reprendre leur position respective. La fleur de l'hélianthe tourne sur son pédoncule pour suivre le soleil. La belle de jour ouvre ses pétales le jour, et la belle de nuit après le coucher du soleil. Le souci des pluies se ferme quand le temps est à la pluie ; la dame de onze heures ouvre sa corolle vers 11 heures du matin. Il n'est pas difficile de trouver dans tous ces exemples l'excitant qui provoque tel ou tel mouvement.

Mouvements difficiles à expliquer, qui méritent mieux que les précédents le qualificatif de spontanés

Les cinq étamines du Parnassia entrent en mouvement, dans un ordre déterminé, pour s'appliquer successivement sur le stigmate. Quelquefois c'est le stigmate qui, par un mouvement du style, va chercher l'étamine de la même fleur ou même d'une fleur voisine. (CALLINSONIA.) D'autres fois, il y a mouvement simultané et combiné du stigmate et de l'anthère. (MALVACÉES.) Dans plusieurs cryptogames la reproduction se fait au moyen de petits corps munis de cils vibratiles et doués de mouvements comparables à ceux des animaux infusoires. (GAVARRET. — *Phénomènes physiques de la vie.*)

Si, pour expliquer les diverses manifestations de la vie chez les animaux, je ne parle pas de la digestion, de la respiration, de l'absorption qui sont soumises aux lois physico-chimiques, mais bien de la motilité, de la sensibilité, de la spontanéité, etc., si, dis-je, pour expliquer ces phénomènes, on admet une force vitale, une âme animale indépendante, il faut de toute nécessité admettre, chez les végétaux, une force vitale, une âme végétale indépendante comme la première pour expliquer des phénomènes analogues.

Qu'on ne dise pas que, si la motilité existe chez les végétaux, la sensibilité leur est étrangère. Car l'irritabilité d'un élément suppose nécessairement la sensibilité, c'est-à-dire son aptitude à réagir sous l'influence des excitants. Sensibilité et irritabilité ne font qu'un. Il est impossible d'isoler l'une de l'autre ces deux propriétés, puisqu'on ne peut juger de la sensibilité d'un élément anatomique que par les manifestations de son irritabilité. Il ne faut pas confondre *sensation* et *sensibilité*. La première est une chose purement subjective, la seconde, au contraire, est toute objective et se révèle par des manifestations extérieures diverses.

De ce qui précède, il ressort clairement qu'il faut ou rejeter la spontanéité animale ou étendre cette spontanéité à certains végétaux, et la ligne de démarcation entre les animaux et les végétaux est singulièrement atténuée. Cette ligne de démarcation, au reste, est si peu tranchée, au bas de l'échelle, que l'on ne sait pas au juste si les vibrions et les bactéries, qui exécutent des mouvements fort remarquables, sont des végétaux ou des animaux. Pour Davaine, ce sont des végétaux. Végétaux et animaux dérivent d'une cellule. Les organismes rudimentaires ne sont que des agrégats cellulaires, et comme il n'est pas facile de distinguer si l'on a affaire à des cellules végétales ou animales, les naturalistes hésitent à placer ces êtres vivants dans le règne végétal ou dans le règne animal. Certes, à mesure que l'on prend des types plus élevés dans l'un et l'autre règne, les différences s'accentuent, les caractères se dessinent. Il ne peut plus y avoir de doute pour le classement.

Chaque organisme s'harmonise avec le milieu dans lequel il doit vivre. Les animaux et les végétaux, dans leur organisation et dans leurs fonctions, s'éloignent les uns des autres pour se permettre réciproquement de vivre. La vie des végétaux, dans l'état actuel de notre planète, ne serait pas possible indéfiniment sans celle des animaux et *vice versâ*. Les végétaux consomment surtout de l'acide carbonique et mettent de l'oxygène en liberté. Les animaux consomment de l'oxygène et font de l'acide carbonique. S'il n'y avait que des végétaux sur la terre, l'acide carbonique s'épuiserait à la longue et les plantes périraient. De même, si les animaux étaient les seuls êtres vivants, l'oxygène diminuerait et finirait, avec le temps, par être insuffisant, tandis que l'acide carbonique serait en excès. Les animaux alors, faute de pouvoir respirer, mourraient.

M. Lionel Dauriac, en son livre précité, dit qu'on ne saurait refuser aux animaux la spontanéité (ce qui pourtant est loin d'être prouvé ainsi que nous l'avons vu précédemment) ; mais il l'accorde aussi aux végétaux, quoique à un degré inférieur. Il va plus loin : Il admet un minimum de conscience et de spontanéité dans le monde inorganique, opinion basée, sans doute, sur les affinités chimiques présidant à telle ou telle réaction, sur la forme de cristallisation toujours la même pour un corps déterminé ; ce qui, soit dit en passant, rappelle la tendance à l'immutabilité de la forme chez les animaux et les végétaux ;

2° Les lois de la formation et de l'évolution des organismes animaux sont loin d'être aussi immuables que l'admet l'école vitaliste. A preuve, les cas de mal formation, de monstruosités qui sont loin d'être rares. Mais, passons là-dessus, et admettons que ces cas ne sont que des exceptions qui n'infirment que médiocrement la règle. Ne voyons-nous pas les mêmes lois d'immutabilité dans la formation et l'évolution des végétaux ? La formation de beaucoup de corps inorganiques n'est-elle pas soumise à des lois fixes ? La cristallisation, toujours la même dans telle dissolution saline, est-elle un phénomène plus facile à expliquer que la constance dans la forme et le mode d'évolution de chaque espèce d'organisme? N'est-il pas tout aussi naturel de rattacher la forme des corps organisés à leur composition spéciale, que d'attribuer la forme du cristal à la qualité et à la proportion des éléments qui le composent?

Malgré le travail incessant de combinaison et de décombinaison dont les éléments anatomiques, et par suite les organes, sont le théâtre, l'organisme, dit-on, est maintenu dans sa forme primitive en vertu d'une force spéciale, la force vitale. On voit, en effet, des tissus réparer les pertes de substance qu'ils ont subies et recouvrer l'intégrité de leurs fonctions. De ce nombre sont les tissus adipeux, conjonctif, osseux, les nerfs. Le tissu épithélial est en voie de destruction et de rénovation incessantes. Il est certains animaux, parmi les reptiles et les crustacés, qui voient se reproduire des portions considérables de leur corps (queue, pattes). Disons toutefois que, chez l'homme, la force de réparation est limitée. Une perte de substance, dans le tissu nerveux central, dans le tissu musculaire, dans une glande, dans un cartilage, etc., ne se répare jamais, sinon par un tissu différent. Les animaux, d'ailleurs, ne possèdent pas seuls la tendance au maintien de la forme et à la réparation des pertes de substance.

On voit des cristaux, cassés à un de leurs angles, émoussés sur une de leurs arêtes, réparer cette perte de substance dans une solution saline appropriée, et reprendre ainsi leur forme primitive.

Ce fait est-il moins étonnant que ce qui se passe chez les animaux?

3° La troisième raison (identité du corps mort avec le

corps vivant), donnée pour prouver l'existence de la force vitale, ne me paraît pas plus concluante que les deux premières. Les progrès que fait chaque jour l'anatomie pathologique rendent de plus en plus rares les cas où l'on ne trouve pas de lésions à l'autopsie, et l'époque n'est sans doute pas éloignée où le microscope et le scalpel rendront compte de ces morts encore difficiles à expliquer.

Dans la théorie d'une force vitale indépendante, il faut admettre que cette force est divisible. En effet, si l'on divise une hydre en quatre parties, chacune d'elles reproduira un être complet, distinct, semblable au premier, pourvu naturellement d'une force vitale complète et indépendante. Cela fait donc une force divisible en quatre parties, dont chacune est égale au tout. Conclusion au moins singulière. Autre expérience : M. Vulpian prend une hydre et partage en deux moitiés latérales la région antérieure du corps, l'extrémité postérieure restant intacte. Chaque moitié, au lieu de s'unir à sa congénère, reproduit une extrémité antérieure complète, de sorte qu'il y a deux têtes et une seule queue. Comment, alors, s'est distribuée la force vitale? Y en a-t-il une pour chaque tête et une troisième pour la queue, ou bien la force qui donne l'indépendance à chacune des têtes s'unit-elle à sa semblable pour prendre possession de la queue? Toujours est-il que la queue est tiraillée par deux volontés distinctes, ayant pour siège, l'une la première tête, l'autre la seconde tête.

Chez les animaux hibernants, la force vitale devient paresseuse durant l'hibernation, époque à laquelle les combustions organiques sont considérablement ralenties. Les voyageurs racontent que, dans le nord de la Russie, on transporte d'une ville à l'autre des poissons congelés, et que ces poissons reviennent à la vie, au bout de huit à dix jours, si on les fait prudemment dégeler dans l'eau ordinaire.

En Islande, M. Gaymard a fait l'expérience suivante : Il prend des crapauds, les met dans des boîtes qu'il entoure de terre et les expose à l'air libre. La température étant très-basse, ces animaux se gèlent, deviennent durs, rigides et cassants comme des glaçons. Au bout de cinq à six jours, ils reprennent, avec le dégel, toute leur intégrité vitale. (GAVARRET, ouvrage précité.)

Tous ces faits prouvent, ou bien que la force vitale a momentanément quitté ces animaux avec la congélation des liquides contenus dans leurs organes, pour y rentrer par le fait d'un simple changement d'état de ces liquides, ou bien qu'elle y est demeurée à l'état latent, ce qui n'a aucun sens, vu l'impossibilité de comprendre une force inactive.

La force vitale n'est donc pas libre d'occuper tel ou tel organisme, puisqu'on peut l'obliger à le quitter ou à le reprendre dans des conditions physiques déterminées. Loin d'être indépendante, elle est soumise, au moins en certains cas, à la volonté de l'expérimentateur, qui peut l'appeler ou la chasser à son gré.

Les considérations précédentes et celles qui vont suivre, dans un instant, nous font nous ranger, sans aucune hésitation, à l'opinion de ceux qui regardent la force vitale comme la résultante des forces ou propriétés inhérentes à chaque élément anatomique, et la vie générale, plus simplement la *vie*, comme l'ensemble des vies propres à chacun de ces éléments.

PARAGRAPHE II

ORIGINE DES FORCES DANS L'ORGANISME

Partant de ce principe, que la force vitale est une résultante et non une entité spéciale, surajoutée à l'organisme pour le gouverner, l'origine des forces dans ce dernier s'explique de la façon la plus simple. Elles apparaissent en même temps que les éléments anatomiques. Leur première manifestation est le mouvement moléculaire de combinaison et de décombinaison qui préside à l'apparition, à l'évolution, à la nutrition, à la vie, en un mot, de chacun d'eux. Nul élément, amorphe ou figuré, depuis le plasma et le granule sans nom ni forme jusqu'à la cellule nerveuse elle-même, appelée à jouer un si beau rôle, ne peut apparaître sans nutrition, sans réactions chimiques s'exerçant sur des matières dont l'analyse peut rendre compte, et ces réactions ne vont point sans manifestation des forces physico-chimiques. Forces et éléments primordiaux, point de départ de l'organisme futur, sont donc contemporains. Est-ce à dire que l'on connaisse à fond toutes les combinaisons physico-chimiques qui président à la formation des corps organisés vivants, que l'on puisse suivre pas à pas les diverses transformations des éléments générateurs de l'organisme? Non, la physiologie n'en est pas encore là, malheureusement, bien qu'il y ait pas mal de voiles levés et bon nombre de problèmes résolus. Mais ce n'est pas une raison pour s'arrêter en route. Il serait, sans doute, plus commode et plus court, pour l'explication de faits encore mal connus, de faire intervenir un principe supérieur,

indépendant, chargé de diriger l'évolution du nouvel être ;
mais, outre que l'existence de ce principe est loin d'être
démontrée ou même rationnelle, ce serait mettre une entrave
à des recherches qui sont en si bonne voie et qui, espérons-le,
seront, dans un temps plus ou moins rapproché, couronnées
d'un plein succès.

Voyons maintenant d'où viennent les éléments anatomiques
et comment ils se forment. De nos jours et aussi haut qu'on
puisse remonter, tous, ils ont pour origine commune une
cellule, l'ovule dont une partie, le vitellus, après fécondation,
se segmente pour donner naissance aux cellules embryonnaires. De ces dernières, par transformation, dérivent les
divers éléments qui constituent les tissus et les organes.
Pris isolément, ovule et spermatozoïde n'ont qu'une évolution
limitée, qu'une existence éphémère. Mais qu'ils soient mis
ou qu'ils arrivent naturellement au contact l'un de l'autre,
dans des conditions appropriées, alors on va voir se dérouler
une série de phénomènes des plus remarquables. Que s'est-il
donc passé ? Tout ce que l'on peut affirmer, c'est qu'il y a eu
action d'un corps matériel sur un autre, et que dans ce
conflit, source de vie, qu'on a eu quelquefois la chance de
constater de *visu*, l'état de l'ovule a été modifié, au point
que lui, qui était voué à une mort prochaine, est devenu
capable de se développer, de reproduire un organisme complet, s'il trouve dans le milieu ambiant les matériaux nécessaires à sa nutrition.

Dans la théorie vitaliste, qui fait de la force vitale une
entité distincte, voici à quelles bizarres conséquences on est
conduit pour expliquer la formation d'un organisme vivant,
et comme tel pourvu de son principe vital. De l'organisme

générateur se détache un élément anatomique, ovule chez la femelle, spermatozoïde chez le mâle. De deux choses l'une : ou bien cet élément emporte avec lui une portion de la force vitale animant l'organisme qui lui a donné naissance, ou bien une force vitale, spéciale, entière, vient s'emparer de lui. Dans la première hypothèse, c'est une force, un principe, un être indépendant, entier, de son essence indivis, qu'on suppose se diviser et ce sont ces fractions d'êtres, ayant fait partie d'organismes différents, qui doivent se réunir pour former la nouvelle force vitale chargée de présider aux destinées du nouvel organisme.

Dans la seconde hypothèse, ce sont deux forces distinctes indépendantes, entières, qui se réunissent, s'additionnent pour ainsi dire, pour en faire une troisième, laquelle est exactement la même que chacune des deux constituantes. Ce qui pourrait se traduire ainsi : Deux unités ne font qu'une unité.

Que si l'on dit, pour se soustraire aux arguments que nous émettons ici, la force vitale ne se manifeste qu'après le contact des deux éléments, elle ne s'incarne dans l'ovule qu'après sa fécondation, on fait alors la supposition étrange d'une force inactive, attendant quelque part la formation d'un organisme pour l'occuper, ou d'un jeune organisme, déjà ébauché, attendant l'incarnation de la force vitale pour continuer son évolution. De plus, l'expérimentateur tient l'incarnation du principe vital à sa merci, car il peut, à son gré, féconder ou non divers ovules, par des moyens dont il est seul maître. (Exemple des *Fécondations artificielles.*)

Répétons donc que la force vitale n'est ni libre ni indépendante, ou mieux concluons simplement qu'elle n'existe pas, à l'état d'entité, comme l'entendent les vitalistes.

La formation de l'ovule et de l'élément mâle n'est comme celle des autres cellules, épithéliales ou glandulaires, par exemple, que le résultat de la nutrition et du fonctionnement de l'organisme générateur. Mais tout cela ne donne pas la raison de l'apparition du premier corps organisé vivant, du premier germe, cellule ou ovule, comme on voudra l'appeler. On voit bien, il me semble, l'enchaînement des faits actuels, on suit bien l'évolution d'un organisme végétal ou animal depuis l'ovule fécondé jusqu'à l'état adulte ; on saisit bien comment l'animal parfait produit l'élément mâle et l'élément femelle ; mais encore une fois, comment est apparu le premier être organisé vivant ? Il n'y a, à cet égard, que deux opinions possibles : Un créateur ou la génération spontanée. Il n'est pas de mon sujet de discuter ces deux manières de voir. Je me bornerai aux simples réflexions suivantes : L'idée d'un créateur est admise par les uns, repoussée par d'autres. Le fait de la génération spontanée d'un organisme vivant ne paraît pas se vérifier expérimentalement de nos jours. Est-ce parce que l'on ne sait pas mettre les corps simples, qui constituent le germe de cet organisme, dans les conditions voulues pour qu'ils se combinent ? Est-ce parce que les conditions actuelles de milieu diffèrent de celles qui auraient existé lors de l'apparition du premier être vivant, et rendent infructueuses les tentatives expérimentales ?

C'est là actuellement, je crois, un secret pour tout le monde. Pour nous, restant sur le terrain purement physiologique, en dehors de toute idée spéculative, nous trouvons comme origine des forces dans l'organisme le mouvement moléculaire d'assimilation et de désassimilation qui se passe dans les éléments anatomiques, et d'où résultent leur apparition, leur nutrition, leur prolifération, leur vie, en un mot. Or, ce mouvement n'est autre que la force d'affinité qui règle les actions chimiques. A mesure que l'organisme se constitue et se développe par multiplication des cellules embryonnaires et par transformation de ces éléments temporaires en éléments définitifs, le mouvement moléculaire d'assimilation et de désassimilation devient plus rapide, il se fait sur un plus grand théâtre, mais, au fond, il reste toujours le même.

Dans l'organisme vivant, animal ou végétal, comme dans le monde inorganique, la force première, la force mère est donc le mouvement, fait extrêmement important à constater pour faire la preuve définitive que les corps organisés sont, quant à la vie, je ne dis pas quant aux actes de conscience, moraux, intellectuels, soumis aux lois physico-chimiques générales.

PARAGRAPHE III

TRANSFORMATION DES FORCES DANS L'ORGANISME

1° Transformation du mouvement en chaleur

Le mouvement d'assimilation et de désassimilation consiste en réactions chimiques et s'accompagne, comme ces dernières, de chaleur qui, dans l'organisme, porte le nom de chaleur animale. Nous avons vu antérieurement que, quand deux atomes se combinent, il se produit un mouvement oscillatoire des atomes pondérables et des atomes d'éther qui engendre de la chaleur. L'organisme est le siège de réactions incessantes qui consistent presque toutes en oxydations ou combustions. Pour s'en convaincre, on prend un animal soumis à la ration d'entretien. On calcule la quantité de carbone et d'hydrogène que contiennent ses aliments, on en retranche la quantité renfermée dans les urines et les fèces. La différence représente approximativement la quantité de carbone et d'hydrogène transformés en eau et en acide carbonique qui s'échappent par les poumons et par la peau. Je dis approximativement, car il se forme dans l'organisme bien d'autres produits que de l'eau et de l'acide carbonique. Nous trouvons, en effet, dans l'urine, de l'urée, de l'acide urique; de la leucine, de la tyrosine, etc., dans la rate et le foie; les acides cholique et choléique dans la bile; dans les muscles, de la créatine, de la créatinine, de l'acide lactique, etc., etc. Tous ces corps sont des produits en voie plus ou moins avancée d'oxydation. Il est difficile de calculer la quantité de chaleur produite pour les amener à cet état. Il est, au contraire, très-facile de calculer la chaleur produite par la combustion d'une quantité donnée de carbone et d'hydrogène. 1 gramme de carbone qui brûle donne 8 calories; 1 gramme d'hydrogène en donne 34.

Je ne cite même pas les anciennes théories de la chaleur animale, tout le monde étant d'accord aujourd'hui qu'elle est le résultat, à peu près exclusif, des actions chimiques qui se passent dans l'organisme.

2° Transformation du mouvement en électricité

Si l'on applique l'une des extrémités du fil d'un galvanomètre sur la surface naturelle d'un muscle et l'autre extrémité sur la surface d'une section faite perpendiculairement à l'axe longitudinal de ce muscle, l'aiguille du galvanomètre se dévie, et la déviation indique un courant musculaire allant de la surface naturelle vers la surface de section. On appelle ce courant électro-moteur ou force électro-motrice. Cela n'est pas particulier aux muscles ; on constate un courant analogue dans les nerfs, les masses nerveuses centrales, le foie, etc. En ces derniers cas, le courant électrique est moins fort.

Quelle est la cause de ces courants ? De l'avis d'à peu près tous les physiologistes, ils sont dus aux réactions chimiques qui président à la nutrition des tissus. Plus énergiques sont les réactions, et, par conséquent, la nutrition, plus fort est le courant. Voilà pourquoi il est bien plus facile de le constater dans un muscle que dans le cerveau. Mais qui dit réactions chimiques, dit mouvement des atomes en présence. Nous assistons donc encore ici à une des transformations du mouvement.

3° Transformation du mouvement en force ou activité nerveuse

Si l'on interrompt la circulation sanguine dans un membre ou dans l'encéphale, toute action nerveuse cesse presque à l'instant. La circulation rétablie, l'activité nerveuse recommence. Inutile de répéter ici que le sang, conjointement avec l'oxygène pris dans l'atmosphère, fournit les matériaux nécessaires à toutes les combinaisons chimiques qui se font dans l'organisme, et que ces combinaisons ne vont point sans le mouvement. Ces expériences prouvent bien que l'action nerveuse cesse avec l'arrêt de la circulation, mais elles ne démontrent pas directement, immédiatement, que l'influx ou courant nerveux, la force nerveuse, existe quand la circulation se fait normalement. Cela tient à ce qu'on ne peut recueillir le courant nerveux comme on recueille le courant électrique, comme on mesure la chaleur animale. On en est réduit à juger de la cause par ses effets, de l'existence de l'activité nerveuse par ses manifestations physiologiques. Or, les manifestations de l'activité nerveuse se font pendant la circulation, donc cette activité existe réellement. Nouvel exemple de transformation de mouvement, à tout le moins d'une corrélation extrêmement étroite entre le mouvement et une force physiologique, la force nerveuse.

4° Les organismes animaux sont rarement le théâtre de phénomènes lumineux. Cependant les lampyres ou vers luisants sont phosphorescents. La phosphorescence de la mer est due aussi à des animaux. La plupart de ces animaux sont pourvus d'appareils spéciaux, siège des phénomènes lumineux. Mais les actes physiologiques en vertu desquels la phosphorescence se produit sont trop mal connus, de moi du moins, pour que j'y insiste ici.

5° Transformation de la chaleur animale en mouvement

Il est d'expérience vulgaire que, toutes choses égales d'ailleurs, plus intense est la contraction d'un muscle, plus élevée est sa température. Deux cas peuvent se présenter : ou bien le muscle se contracte sans produire de travail utile, ou bien il y a un travail utile effectué.

Premier cas. — Un sujet en expérience tient dans sa main, l'avant-bras fléchi à angle droit sur le bras, un poids déterminé. Il soulève le poids à une hauteur de 10 centimètres.

puis l'abaisse, en le tenant toujours dans la main, jusqu'au point de départ. Il répète cette manœuvre un certain nombre de fois et finit par reprendre sa position première. Il lâche alors le poids. Il n'y a pas eu de travail utile produit. La température du biceps a été prise.

Second cas. — Le même sujet, placé de la même façon, soulève le même poids à 10 centimètres de haut et le remet à un aide. Il rabaisse la main, à vide, prend un poids égal qu'il soulève encore à une hauteur de 10 centimètres, et ainsi de suite, le même nombre de fois que dans la première expérience. Les deux expériences ont dû avoir la même durée. Dans le dernier cas, il y a eu production de travail utile. La température du biceps est moins élevée que dans le premier. Une partie de la chaleur (la différence entre les deux températures du biceps) s'est transformée en travail utile, lequel est toujours réductible en mouvement.

6° Transformation de l'électricité animale en chaleur et en mouvement avec travail utile

Nous avons vu plus haut le courant électrique qui existe dans les muscles et nous l'avons attribué aux réactions chimiques, aux phénomènes nutritifs qui ont lieu dans ces organes.

Dans un muscle en contraction, les réactions chimiques sont plus marquées ; on en a la preuve en calculant les quantités d'oxygène absorbé, d'acide carbonique exhalé, en dosant la créatine, la créatinine, l'acide lactique, etc., formés au sein du muscle. On serait porté à croire, *à priori*, que le courant électrique musculaire devrait, sinon être plus intense, au moins rester le même. Il n'en est rien. Le courant cesse aussitôt que le muscle se contracte.

La contraction musculaire peut être statique, c'est-à-dire sans production de travail utile. Le courant musculaire se transforme alors nécessairement en chaleur.

Si la contraction du muscle est dynamique, c'est-à-dire avec production de travail utile, le courant musculaire se transforme en travail utile, soit directement, soit par l'intermédiaire de la chaleur.

7° Transformation de l'électricité animale en force nerveuse

(Je regarde comme synonyme de force nerveuse les expressions : activité nerveuse, courant nerveux, influx nerveux, et je me servirai indifféremment de l'une ou de l'autre de ces expressions).

Nous avons parlé précédemment du courant électrique qui parcourt les nerfs à l'état de repos, c'est-à-dire quand ils ne fonctionnent pas comme conducteurs de la sensibilité ou du mouvement. Schiff et d'autres physiologistes ont constaté une élévation de température dans les nerfs en activité. Cette élévation est due, sans doute, en partie, à l'intensité plus grande des réactions chimiques qui se passent alors dans le nerf. Elle peut être due aussi, dans une certaine mesure, à la transformation du courant électrique en chaleur, à moins que ce courant ne se transforme totalement en influx nerveux. Toujours est-il que le courant électrique du nerf disparaît ou plutôt se transforme aussitôt que le nerf entre en activité comme conducteur physiologique.

J'admets, sans peine, pour ma part, la transformation totale du courant électrique du nerf en courant nerveux, car je suis très-enclin à considérer le fluide électrique et l'influx nerveux, comme ayant entre eux les plus grandes analogies.

Trois grosses objections ont été faites à cette manière de voir, à savoir :

1° Vitesse incomparablement moindre du courant nerveux ;

2° Dans nn nerf coupé, dont les bouts sont mis en contact, le courant nerveux ne passe plus ;

3° Il y aurait diffusion du courant nerveux dans les tissus voisins du nerf, si ce courant était identique au courant électrique.

Réponse à la 1re *objection.* — On est peu fixé sur la vitesse du courant électrique.

Pour Wheatstone, cette vitesse, par
seconde, est de . . . . 460,000 kilomètres.

Pour Fizeau et Gounelli, cette vitesse,
par seconde, est de . . . . 180,000 id.

Dans des expériences faites entre
Greenwich et Edimbourg, elle a
été trouvée de . . . . 12,200 id.

Dans des expériences entre Greenwich et Bruxelles, de . . . . . . 4,300 id.

Dans les expériences qui ont donné ce dernier chiffre, le fil métallique employé était recouvert de gutta-percha et en grande partie plongé dans la mer.

On ne saurait ne pas être frappé de la différence énorme des chiffres 460,000 et 4,300 kilomètres.

Je sais que la vitesse du courant nerveux n'est que de 30 mètres par seconde, ce qui est bien loin de 4,300 kilomètres. Il résulte toutefois de ce qui précède que la vitesse du courant électrique est des plus variables.

Réponse à la 2ᵉ objection. — Si la section d'un nerf entrave la transmission du courant nerveux, même quand les deux bouts sont en contact, cela peut être dû à la difficulté de mettre, d'une façon précise, en face les uns des autres, les cylindres axés coupés. On sait que le cylindre axe, si tenu, est la partie fondamentale de la fibre nerveuse, et que c'est par lui que se transmet le courant nerveux. Comme il occupe, sur la section d'une fibre nerveuse, peu de place comparativement à la myéline et à la gaine de Schwann, on comprend que les rapports soient facilement dérangés, et que les cylindres axes ne se réaccordent pas rigoureusement bout à bout, sinon par le fait d'un hasard heureux. Dans des cas, rares il est vrai, mais qui paraissent bien authentiques, on a vu le courant continuer immédiatement après le rapprochement et la suture des deux bouts d'un nerf coupé, bien avant par conséquent la restauration cicatricielle qui demande toujours quelques semaines.

Cela ne peut s'expliquer que par l'adaptation exacte des deux bouts du nerf dans leurs rapports primitifs intimes ;

mais si dans les cylindres axes, mis bien exactement bout à bout, le courant nerveux passe, l'objection tombe d'elle-même.

Réponse à la 3e *objection.* — Des auteurs ont voulu voir dans la myéline qui entoure le cylindre axe une couche isolante qui empêcherait la diffusion. Cette opinion très-rationnelle est fondée sur la nature grasse de la myéline qui jouerait le rôle de mauvais conducteur. A mon avis, quelque chose de plus positif et de plus probant, c'est que chez les poissons électriques, il n'y a pas diffusion de l'électricité dans les diverses parties du corps. Si chez les silures l'appareil électrique, périphériquement placé, est séparé des parties profondes du corps par une couche de graisse qui jouerait le rôle de corps isolant, comme la myéline par rapport au cylindre axe, chez les autres poissons électriques il n'y a rien de pareil et la diffusion ne s'en fait pas davantage. Bien plus, le système nerveux du poisson maintient l'appareil à l'état de repos ou provoque la décharge électrique à volonté. Pourquoi alors, si l'influx nerveux était analogue au courant électrique, y aurait-il diffusion dans les parties qui avoisinent le système nerveux ?

PARAGRAPHE IV

NATURE DU COURANT NERVEUX

Pour les raisons précédentes, qui me paraissent rapprocher singulièrement du fluide électrique le courant ou influx nerveux, je crois que l'on peut considérer ce dernier comme dû à l'ébranlement, dans un sens déterminé, des atomes d'éther répandus partout entre les atomes de matière pondérable qui constituent le système nerveux tout entier, nerfs et masses centrales. Cet ébranlement peut être causé par les divers excitants physiologiques et expérimentaux, d'où modification dans l'état physique des nerfs et des centres nerveux. C'est à peu près ce que le Père Secchi admet pour le fluide électrique. Partant de cette idée, qui n'est, bien entendu, qu'une hypothèse plausible, voyons si nous allons pouvoir expliquer, d'une manière satisfaisante, l'activité nerveuse.

Les principaux actes physiologiques dans lesquels intervient directement le système nerveux, sont : les mouvements réflexes, les mouvements volontaires, la perception des sensations, les actes de conscience, moraux, intellectuels, en un mot, les phénomènes psychiques.

A. Mouvements réflexes

Il y a plusieurs ordres de mouvements réflexes ; je prendrai pour exemple l'un quelconque d'entre eux, celui, si l'on veut, où une excitation périphérique porte sur un nerf sensitif de la vie animale et fait, par réflexion, contracter un muscle de la vie animale.

Voici la succession des phénomènes :

1° *Excitation périphérique* par chaleur, lumière, choc, pression, etc., qui ne sont que des modalités du mouvement;

2° *Ebranlement de forme spéciale*, en rapport avec la nature de l'agent excitateur, communiqué aux atomes éthérés du nerf centripète. Cet ébranlement, d'après ce que nous avons dit plus haut, constitue le courant nerveux ;

3° *Transmission aux cellules nerveuses sensitives.* — Elle doit se faire par le cylindre axe, car la plupart des fibres nerveuses, sinon toutes, sont, à leurs extrémités centrale et périphérique, dépourvues de myéline et de gaine de Schwann et réduites à ce cylindre. Les deux enveloppes en question ne sont probablement que des organes de perfectionnement et d'isolement du cylindre central ;

4° *Action des cellules sensitives.* — Celles-ci impriment-elles une modification quelconque à l'excitation extérieure déjà transformée en courant nerveux, ou ne sont-elles que des lieux de réflexion pour diriger le courant vers la cellule motrice appropriée? Il est difficile de le dire ;

5° *Transmission des cellules sensitives aux cellules motrices.* — Cette transmission se fait par le filament nerveux qui sert de trait d'union à ces deux ordres de cellules. Il a toute l'apparence d'un cylindre axe et ne sert que de conducteur.

6° *Action des cellules motrices.* — Elles agissent toujours de la même façon. Par l'intermédiaire des fibres motrices ou centrifuges, ou, pour préciser, des cylindres axes que contiennent ces fibres, elles font contracter le muscle, mais pas directement comme nous allons le voir ;

7° *Mécanisme de la contraction musculaire.* — L'influx ou courant nerveux suractive les réactions chimiques au sein du muscle, fait prouvé par la plus grande quantité d'oxygène absorbé et d'acide carbonique exhalé, par la formation plus considérable de créatine, créatinine, acide lactique, etc. Ces combustions organiques plus actives engendrent de la chaleur et un courant électrique, courant électro-moteur. Chaleur et courant électrique se transforment en mouvement, d'où contraction musculaire qui peut produire un travail utile.

Je sais bien que, dans l'interprétation d'un simple réflexe comme celui que je viens de prendre pour exemple, il y a quelques desiderata au sujet du rôle intime des cellules nerveuses. Mais on accordera bien, je l'espère, que, dans cet acte physiologique, on part d'un fait physique, l'excitation qui n'est qu'une modalité du mouvement, pour arriver par de simples transformations de forces à un autre fait physique, la contraction musculaire, quel que soit le rôle propre et individuel des agents employés à ces transformations.

B. Mouvement volontaire

Il peut ne pas y avoir ici d'excitation venant du dehors, au moins immédiatement. C'est pour cela que la plupart des auteurs accordent une spontanéité spéciale, une activité intrinsèque aux éléments cellulaires des centres nerveux qui, par eux-mêmes, par une force toute particulière, en dehors de tout excitant, agiraient sur les nerfs moteurs et par suite sur les muscles. Mais nous avons démontré, par des expériences probantes, que cette spontanéité est sous la dépendance de la circulation sanguine et des phénomènes chimiques qui se passent dans les éléments nerveux. Sans circulation, sans le mouvement de combinaison et de décombinaison qui préside à la nutrition de ces éléments, il n'y a pas de mouvement volontaire possible. Une fois la cellule motrice mise en activité par l'excitant, quel qu'il soit, simple contact du sang, réactions chimiques, départ ou arrivée des molécules nécessaires au maintien de la cellule en parfait état, le nerf moteur joue son rôle de conducteur et le muscle se contracte par le mécanisme décrit plus haut.

C. Perception des sensations; actes de conscience, moraux, intellectuels, etc. — Phénomènes psychiques.

Dans l'interprétation de ces divers phénomènes, on comprend bien que le courant ou influx nerveux suive les nerfs sensitifs, remonte la moelle de cellule en cellule pour arriver au cerveau, ou parvienne directement à ce dernier par les nerfs sensitifs crâniens et mette en activité les cellules nerveuses. On comprend encore que, sans excitation venue du dehors, les cellules nerveuses entrent en activité par le fait de la circulation sanguine et des réactions chimiques qui en sont la conséquence. Mais si de la mise en activité des cellules cérébrales résultent des phénomènes physiques, mouvement, chaleur, électricité, il en résulte aussi normalement des phénomènes d'une tout autre nature, je veux dire, les sensations de peine et de plaisir, la mémoire, le raisonnement, le jugement, la comparaison, les idées, etc. Il y a certes des connexions entre les forces physiques et les manifestations psychiques, puisque sans l'afflux sanguin, sans les actes chimiques d'où découlent tous les phénomènes physiques, aucun des phénomènes psychiques ne peut se produire. Mais le mécanisme de ces derniers n'en est pas plus trouvé pour cela. La corrélation entre les deux ordres de phénomènes, le mode de transformation, si l'on veut, des forces physiques en forces psychiques, n'est pas établi. Il y a là, il faut le reconnaître franchement, une grande lacune à combler. C'est pour expliquer les phénomènes psychiques que des savants invoquent avec le plus de vraisemblance l'existence d'un agent, d'un principe spécial, non soumis aux lois physico-chimiques générales. Ce n'est, il est vrai, que reculer la difficulté, et, dans une question de physiologie pure, se contenter d'une explication, pour ne pas dire une hypothèse, purement métaphysique.

BREST. — IMPRIMERIE F. HALÉGOUET, RUE KLÉBER, 11.